BEI GRIN MACHT SICH IHR WISSEN BEZAHLT

- Wir veröffentlichen Ihre Hausarbeit,
  Bachelor- und Masterarbeit

- Ihr eigenes eBook und Buch -
  weltweit in allen wichtigen Shops

- Verdienen Sie an jedem Verkauf

Jetzt bei www.GRIN.com hochladen
und kostenlos publizieren

Oliver Thaßler

Die Kulturlandschaften der Insel Rügen

Materielle und immaterielle Dimensionen einer kulturell wertvollen Landschaft

GRIN Verlag

Bibliografische Information der Deutschen Nationalbibliothek:

Die Deutsche Bibliothek verzeichnet diese Publikation in der Deutschen National-
bibliografie; detaillierte bibliografische Daten sind im Internet über http://dnb.d-
nb.de/ abrufbar.

Impressum:

Copyright © 2009 GRIN Verlag GmbH
Druck und Bindung: Books on Demand GmbH, Norderstedt Germany
ISBN: 978-3-640-44931-6

Dieses Buch bei GRIN:

http://www.grin.com/de/e-book/136490/die-kulturlandschaften-der-insel-ruegen

Oliver Thaßler

Diplom II/ ASL/ Universität Kassel
Landschaftsplanung/ Landschaftsnutzung

Studienarbeit: Die Kulturlandschaften der Insel Rügen- Materielle und
Immaterielle Dimensionen einer kulturell wertvollen Landschaft

Die Kulturlandschaften der Insel Rügen

Materielle und immaterielle Dimensionen einer kulturell wertvollen Landschaft

Es wäre zu wünschen, dass ein geschickter Landschaftsmaler eine solche Gegend bei zwanzigerlei Licht und Himmel, aber immer aus demselben Gesichtspunkt entwürfe. Dieselbe Landschaft, die zu einer Stunde des Tages und bei einer gewissen Beschaffenheit des Himmels oder der Luft völlig matt ist und viele zerstreute Massen sehen lässt, die das Auge nicht zusammenfasst, kann zu einer anderen Stunde fürtrefflich ins Auge fallen.

Johann Georg Sulzer, 1771

Inhalt

1. Grundzüge der Landschaftsentwicklung der Insel Rügen

Die Landschaft Rügens und die Hauptformen des heutigen Reliefs gehen auf nordische Gletschermassen des Eiszeitalters (Quartär) zurück. Nachdem vor über 12 000 Jahren Stauch- und Satzendmoränen, Gletscherzungenbecken und Toteisbecken in einem arktischen Klima entstanden, formten nacheiszeitliche Prozesse das Gelände und hinterließen eine vielfältig strukturierte Landschaft (DUPHORN ET AL. 1995). Die zuerst aufkommende, spätglaziale Tundrenvegetation wich mit Aufkommen eines gemäßigten Klimas einer Waldlandschaft (Birken-Aspen-Kiefernwälder). Waren die Menschen in dieser Zeit noch als Rentierjäger organisiert, können dann im Übergang vom Boreal zum Atlantikum Kulturgruppen auf Rügen ausdifferenziert werden, die als Maglemose- Gruppe und Lietzow- Gruppe bekannt wurden (HERFERT 1990).

Erst vor 5000 Jahren in der Jungsteinzeit begann mit der Trichterbecherkultur die Auflichtung von Wäldern infolge von Siedlungstätigkeit, Ackerbau und Viehhaltung. Zu dieser Zeit entstehen die ersten Kulturlandschaften, die durch persistente Kulturlandschaftselemente wie Großsteingräber und eine anthropogene Veränderung der Pflanzendecke beschrieben werden können. Neben den zu dieser Zeit auf Rügen herrschenden Eichenmischwäldern entwickelte sich eine parkartige Landschaft mit verschiedenen Destruktions- und Regenerationsstadien. Nach LANGE ET AL. (1986) kommt die neolithische Auflichtung des Eichenmischwaldes vor allem im Abfall der Kurven von Linden und Ulmen in mehreren Pollendiagrammen zum Ausdruck. Ruderalisierte Wohnplätze sind durch Chenopodium und Urtica, kleine Äcker und Weideland durch Cerealia, Plantago, Artemisia, Rumex, Calluna gekennzeichnet. Gelichtete und ihrer Zusammensetzung veränderte Rest- und Randwälder werden von Hasel und Birken-Beständen dominiert.

In Folge der bronzezeitlicher Besiedlung (3800-2600 Jahre vor heute) fand ein Ausbau der seit dem Neolithikum erschlossenen Kulturlandschaft statt. Es entstanden Siedlungskammern und -gebiete unter Zurückdrängung des Waldes und damit die Herausbildung erster anthropogener Ersatzvegetation. Mit dem Beginn des Subatlantikums ab 2700 Jahren vor heute wurde das Klima zum natürlichen Hauptfaktor der Landschaftsentwicklung. Die zunehmende Humidität des subatlantischen Klimas führt zur Versumpfung zahlreicher kleiner Hohlformen in den End- und Grundmoränenlandschaften. Auf Verlandungs- und Versumpfungsmooren setzte erneutes Moorwachstum ein. Auch wurde durch das feuchtere Klima die Ausbreitung von Buche und Hainbuche in Eichenmischwäldern auf Mineralböden begünstigt. Wie LANGE ET AL. (1986) aufzeigen konnten, verweisen Pollendiagramme und Summenkurven siedlungsanzeigender Pflanzen auf eine mehr oder weniger kontinuierliche Besiedlung zwischen der Jungbronzezeit und der Völkerwanderungszeit. Mit der Eisenerzeugung- und Verhüttung kam es zu einer verstärkten Nutzung der Waldareale. Das kühlfeuchte Klima ermöglichte hingegen innerhalb weniger Jahrzehnte die Wiederbewaldung aufgelassenen Siedlungslandes.

Mit dem Übergang von einer überwiegend auf Tierhaltung orientierten Wirtschaft der Germanen zu einer stärker ackerbaulich orientierten Wirtschaft der Slawen vollzog sich dann eine erhebliche Wandlung der Landnutzung (LANGE 1976a, b). Die Einwanderung der slawischen Siedlungsgruppen leitete die bis dahin intensivste, anthropogene Prägung der Vegetationsdecke ein.

Die slawische Landnahme ist eine entscheidende Phase in der Herausbildung der rügener Kulturlandschaft. Der Wald wurde nach LANGE ET AL. (1986) innerhalb von fünf Jahrhunderten auf die Hälfte seines ursprünglichen Areals zurückgedrängt. Archäologische Siedlungsnachweise belegen die Ausweitung der Siedlungsareale in bisher unbewohnte Waldgebiete ebenso wie der Verlauf von Gehölz- und Siedlungsanzeigerkurven in den Pollendiagrammen. In den verbliebenden Wäldern kommt es zur Massenausbildung der Buche. Aufgrund der erfolgten Entwaldungen im 10.-12. Jh. ist die Vernässung von Geländesenken und die starke Zunahme der Torfbildungsraten in allen Moortypen zu beobachten. Siedlungsland mit Ruderalfluren, Äcker, Brachen, Weiden und Restgehölze ersetzen die ehemals ausgedehnten Wälder. Gegenüber früheren Siedlungsperioden weiteten sich in der Slawenzeit die Kulturlandschaften aus und zeichnen sich in Pollendiagrammen mit ausgeprägten Gipfeln der Kurven von Getreide, Plantago, Rumex, Artemisia, Chenopodiaceae und Poaceae deutlich ab (LANGE ET AL. 1986, vgl. JACOMET & KREUZ 1999).

Während des Mittelalters erfolgte die Herausbildung der heute als natürlich betrachteten Vegetation, der historischen Ersatzvegetation, der historischen Wald-Feld-Verteilung und des historischen Siedlungsbildes (LANGE ET AL. 1986). Unter dem Einfluss der Christianisierung (Bau von Backsteinkirchen) setzte sich die Landnutzung in kleinbäuerlichen Strukturen bis 1600 fort. Das Siedlungsbild war durch Einzelhöfe und Weiler bestimmt. Ende des 16. Jh. kam es zu sozio-ökonomischen Veränderungen, die zur Verdrängung des Bauerstandes und in der Folge zu einer tiefgreifenden Umgestaltung des Siedlungs- und Landschaftsbildes führten. Die Konjunkturlage landwirtschaftlicher Produkte begünstigte die Entstehung von Gutswirtschaften. Das von den Adligen auf Zeit verpachtete Land wurde annektiert und zum Eigenland des Ritters geschlagen, brachliegendes Land in Kultur und die Allmende in Besitz genommen. Es entstanden die ersten Rittergüter mit größeren burgähnlichen Gutshäusern, die in der Folgezeit das Bild der rügenschen Agrarlandschaft prägen. Der Ackerbau wurde als 4-5-gliedrige Felderwirtschaft betrieben. In den Wäldern herrschten Eichen und Buchen vor, die als Mastbäume für Schweine genutzt wurden. Übermäßiger Holzeinschlag und Waldweide hatten bereits zu diesem Zeitpunkt gebietsweise zu völliger Entwaldung und umfangreicher Walddegradation geführt (LANGE ET AL. 1986, KALÄHNE 1954).

Ab 1830 erfolgten dann systematische Aufforstungen der brach gefallenen Hutungen, so dass im Verlauf des 19. Jh. der Waldanteil wieder erhöht werden konnte. Zugleich wurde eine geregelte Forstwirtschaft eingeführt. Beides führte zu einer Begünstigung von Nadelhölzern. Ab der zweiten Hälfte des 18. Jh. kam es dann zu bewussten Landschaftsgestaltungen auf Rügen. Von besonderer Bedeutung ist die großflächige Umgestaltung des Putbuser Schlossparks zu einem Landschaftspark englischen Stils und der Bau einer klassizistischen Stadtanlage in Putbus als Residenz- und Badeort durch Fürst Wilhelm Malte ab 1808 (THAßLER 2003, VOGEL 2003). Um 1900 entwickeln sich an den Ostküsten mehrere Badeorte mit markanter Bäderarchitektur. Neben diesen bewusst nach ästhetischen Gesichtspunkten gestalteten Landschaften werden ab Mitte des 19. Jh. Folgen der Industrialisierung auf Rügen deutlich: Der Bau von Eisenbahnstrecken, die Etablierung eines zusammenhängenden Straßennetzes, der Kies- und Kreideabbau auf Jasmund. Hiermit veränderte sich das Bild der vorindustriellen gutherrschaftlich geprägten Kulturlandschaft erneut.

So wurde die Siedlungsstruktur nicht nur durch Einzelhöfe und Weiler, Gutshöfe mit Herrenhäusern, Wirtschaftsgebäude und Einliegerkaten geprägt, sondern auch durch das aufkommende Schienen- und Straßennetz und die Spuren zunehmend rationalisierter Produktionsverfahren in der Forst- und Landwirtschaft.

Waldflächen wurden vermehrt in Ackerstandorte überführt und aufgrund verstärkter Grünlandnutzung der Niederungsgebiete kam es zur Anlage von Entwässerungsgräben zur Trockenlegung von Kleingewässern, Mooren und Brüchen. So wurden z.B. zwischen 1837–1940 auf den Flächen der heutigen Gemeinde Putbus 86 % der Feuchtgebiete entwässert (THASSLER 2003).

Im 20. Jahrhundert erfolgte dann eine weitere Umgestaltung der Insellandschaft. Die Landwirtschaft wurde mit der Einführung maschineller Bodenbearbeitungs- und Erntetechniken sowie synthetischer Pflanzenschutz- und Düngemittel weiter intensiviert. Es entstanden die für den Norden und Westen Rügens typischen großschlägigen Ackerbaulandschaften. Heute wird auf dem Großteil der landwirtschaftlichen Flächen Rügens eine intensive exportorientierte Landwirtschaft betrieben. Auch die zumeist privatwirtschaftliche Nutzung der Wälder bleibt fast ausschließlich auf die Produktionsfunktion des Waldes beschränkt. Eine Ausnahme bilden lediglich die Flächen der seit den 1990er Jahren eingerichteten Großschutzgebiete auf Jasmund und im Südosten der Insel. Der weitere Ausbau des Straßennetzes und neue Anbindungen an Rügen (Rügenbrücke, 21. Jh.) verursachen den Verlust historischer Alleen. Die Ausweisung neuer Siedlungs- und Industrieflächen, die Orientierung auf Tourismus mit dem damit verbundenen Neubau von Hotels, Pensionen und Ferienhäusern gehen einher mit einem hohem Flächenverbrauch bei gleichzeitigem Verfall innerörtlicher Kerne und alter Bauernhäuser. Verbliebene Gutshäuser, Schlösser sowie weitere denkmalgeschützte Gebäude und Parkanlagen werden hingegen oftmals von Privatleuten restauriert (z.B. Zürkvitz bei Wiek) oder deren Sanierung und Instandhaltung wird mit öffentlichen Geldern unterstützt (vgl. GROß 2007).

Mit diesen Transformationen haben sich auch die Vegetationsstruktur und landschafts-ökologische Qualitäten Rügens im 20. Jh. verändert. Der Kultureinfluss auf die Ökosysteme ist deutlich ablesbar. So ist heute auf Rügen eine oligo- bzw- mesohemerobe Vegetation fast ausschließlich auf Schutzgebiete beschränkt, das sind naturnahe Wälder (Vilm, Goor, Jasmund), Reste von Mooren und mesotrophe Gewässer (Granitz/Schwarzer See). Meso- und eu-hemerobe Vegetation findet sich stellenweise in Form artenreicher Ackerwildkrautfluren, wo eine organische Landwirtschaft betrieben wird (Bisdamitz). Standörtlich differenziertes Gras- und Grünlandland kommt reliktartig dort vor, wo z.B. Schafbeweidung im Rahmen der Landschaftspflege organisiert ist (Biosphärenreservat Südost-Rügen). Der Großteil der Vegetationsmosaike auf Rügen gehören jedoch dem Spektrum eu- und polyhemerober Lebensräume an. Die Ackerfluren sind floristisch stark verarmt (West und Nordrügen). Anstelle der Feucht- und Frischwiesen ist ein artenarmes Saatgrünland in den Niederungen zu finden. Nitrophile Staudenfluren und Ruderalfluren stehen vor allem in industriell-urbanen Bereichen und an Verkehrswegen (Stadt Bergen, Sassnitz). Die Gewässer haben hypertrophen Charakter und weisen eine verarmte oder fehlende Makrophytenvegetation auf (Schmachter See).

2. Zur aktuellen Wahrnehmung der Kulturlandschaften Rügens

Diesen Befunden zum Trotz ist auf der Insel auch heute noch eine sehr differenzierte und mannigfaltige Kulturlandschaft zu finden. Die Landschaft weist die typische Dichotomie von Stadt/Dorf und unbebauter Landschaft auf. Die Dorfstrukturen repräsentieren verschiedene Architekturstile und -epochen: Das ländliche Bauen, exemplarisch repräsentiert durch das Hallenhaus, dass später durch den Klassizismus in Putbus beeinflusst wurde, prägt bis heute einige Dorfbilder (Nistelitz). Zum Teil kam es zur Herausbildung von rügentypischen klassizistischen Bauernhäusern (ROCKEL 1999). Die klassizistischen Bauten, die mit der Gründung und Umsetzung der fürstlichen Residenzstadt Putbus einen Schwerpunkt im Kernland Rügens haben und überregional ausstrahlen, werden aktuell aufwändig restauriert und sind Teil der baulichen Eigenart Rügens. Die Bäderarchitektur aus dem letzten Viertel des 19. Jahrhunderts, die sich an den Badeorten der Oststrände etablierte, dient noch heute vielen als Ferienunterkunft (KNAPP 1997). Zugleich „wuchern" jedoch auch neuzeitliche Bauten mit Stahl, Beton und großen Glasflächen, sowie typische Einfamilienfertighäuser in die offene Landschaft (Sellin-Baabe).

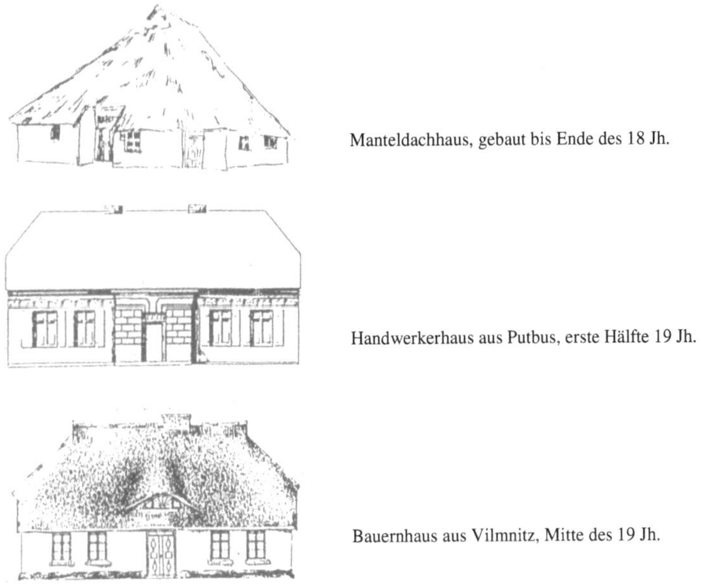

Manteldachhaus, gebaut bis Ende des 18 Jh.

Handwerkerhaus aus Putbus, erste Hälfte 19 Jh.

Bauernhaus aus Vilmnitz, Mitte des 19 Jh.

Abbildung 1: Baustilentwicklung im 19. Jahrhundert auf Rügen (aus: ROCKEL 1999)

Die naturräumlichen Gegebenheiten (Geologie, Klima, Wasserhaushalt, Vegetation) der hügeligen Endmoränenzüge und flachwelligen Grundmoränen, der Kreidelandschaften von Jasmund und der Seesand- und Küstendünenlandschaften bilden eine reizvolle Synthese mit den kulturhistorischen Spuren (neolithische Großsteingräber, bronzezeitliche Grabhügel, slawische Burgwälle, mittelalterliche Backsteinkirchen, alte Alleen, Schlösser und Parke). Damit beherbergt Rügen trotz der rasanten Entwicklungen des 20. Jh. attraktive Kulturlandschaften, die jährlich von Millionen Urlaubern besucht werden.

2.1. Landscape as perceived by people

Landschaft ist ein vom Menschen wahrgenommenes Kulturgut. Wie BRUNS (2007) festhält, umfasst „der Landschafsbegriff im Sinne der Europäischen Landschaftskonvention somit Landschaft als Lebensraum der in und mit ihr lebenden Menschen und bleibt keinesfalls auf das Landschaftsbild beschränkt. Der Begriff *as perceived by people“* beinhaltet in den verbindlichen englisch- und französischsprachigen Versionen das Wahrnehmen, Erkennen und Verstehen von Landschaft mit allen Sinnen, bis hin zur Formung mentaler Bilder und Konzepte, die unter anderem durch Erfahrungseinflüsse zustande kommen“. Inwiefern die Ausprägung und Zusammensetzung der Rügener Kulturlandschaften für den Besucher und die Einwohner als besonders reizvoll erscheint und auch bevorzugt aufgesucht wird ist noch weitgehend ungeklärt. Wie MARSCHALL (2007) bemerkt, gibt es kollektive Erinnerungen an die Landschaften und individuelle Präferenzen: „. Zugleich existieren aber auch weiterhin mehrheitsfähige Vorstellungen von attraktiven Landschaften, da diese kulturell überliefert oder z.B. auch durch die Tourismusbranche konkret vermarktet werden“.

Im Rahmen eines Proseminars „Kulturtransparenz“ wurden 35 Passanten in der Stadt Sassnitz/ Rügen auf der Straße nach Rügen und Landschaften befragt. Es handelt sich dabei um Stichprobenbefragungen, die keinen Anspruch auf Repräsentativität haben, doch zumindest geben sie ein Meinungsbild wieder. Antworten wurden nicht vorgegeben. Folgende Fragen wurden an männliche, wie weibliche, ältere (45-70 J.) und jüngere (17-45 J.) Passanten (Einheimische und Urlauber) gestellt:

- 1. An welche Landschaften denken Sie beim Begriff *Insel Rügen?*
- 2. Welche Literatur bringen Sie mit der Insel Rügen in Verbindung?
- 3. Welche Malerei bringen Sie mit der Insel Rügen in Verbindung?
- 4. Wie sieht ihre (auch virtuelle) Ideallandschaft aus?

2.1.1. Assoziation *Landschaft auf Rügen*

Zur Frage 1 waren zwei Nennungen möglich. Die Fragen wurden auch nicht erläutert, um nicht Ergebnisse *sozialer Erwünschtheit* zu erzielen. Dem ist es geschuldet, dass nicht nur Landschaften im klassischen Sinne, d.h. durch einheitliche Struktur (Naturausstattung und Landnutzung) und gleiches Muster von Wirkungsgefügen (Funktionsweise) geprägter Teil der Erdhülle (BASTIAN U. SCHREIBER 1999), genannt werden, sondern auch biotische Einzelelemente (Bäume), zoologische Arten (Möwen) oder auch architektonische Typologien (Weiße Häuser). Zur besseren Übersicht der Antworten wurden sie bei gleichem oder ähnlichem Inhalt *geclustert* und in farbigen Gruppen zusammengeführt. Die Antworten lassen sich grob in 13 (verschiedenfarbige) *Cluster* fassen. In Abbildung 2 sind die Antworten in einer Tabelle zusammengefasst. Die Personenanzahl zeigt die Häufigkeit der Nennungen, denn es wurden auch gleiche Begriffe benutzt.

Des Weiteren folgte eine Klassifizierung auf Landschaftsebene. Meteorologische Ereignisse wie z.B. Wind wurden mit astronomischen Nennungen wie z.B. Sonne in einer Gruppe gefasst und als *chorisch/ Biosphäre* bezeichnet. Die chorische Dimension bezeichnet einen Maßstabsbereich, in welchem heterogene Räume (Gefüge, Verbände, Mosaike) untersucht werden, die sich aus *topischen* Grundeinheiten zusammensetzen (EBENDA 1999, S. 548). Handelt es sich bei den Nennungen um Landschaftstypen wie z.B. Felder, Wälder, Strände ist von *chorischen Landschaftstypologien* die Rede.

Einige Nennungen konkretisieren z.B. Wald und sprechen von Kiefernwald oder konkretisieren Strand als Sandstrand. Dort wird mit der Bezeichnung Kiefernwald ein Waldsystem mit der vorherrschenden Baumart Pinus sylvestris beschrieben. Diese konkreteren Nennungen werden dann als *topische Landschaftstypologien* bezeichnet. Die topische Dimension ist ein Maßstabsbereich, in welchem Objekte mit homogenem bzw. quasihomogen gesetztem Inhalt untersucht werden, um Struktur und Dynamik der elementaren Grundeinheiten der Landschaftssphäre zu kennzeichnen (EBENDA 1999, S. 548).

Bei Antworten, die Regionen oder bestimmte Orte der Insel zum Inhalt hatten, werden Regionen wie z.B. Jasmund als *chorisch inselgeographisch* bezeichnet und Orte wie z.B. der Königsstuhl (auf der Halbinsel Jasmund) als *topisch inselgeographisch*. Auch gab es einige wenige Nennungen von Architektur wie z.B. Leuchttürme, die als *topisch anthropogen* bezeichnet werden. Nach der Frage an welche Landschaft sie bei dem Begriff Insel Rügen denken würde, antwortete eine Urlauberin: „Nette Menschen." Diese Antwort ist trotzdem unter *sozial anthropogen* aufgeführt, auch wenn damit keine Landschaft im Sinne eines Geoökosystems bezeichnet wird. Gleichzeitig führt dies Antwort vor Augen, dass erstens der Mensch Teil der Landschaft ist und nur leicht abgewandelt gefragt: An welche Elemente der Landschaft denken Sie beim Begriff Insel Rügen? die Antwort gerade Sinn ergibt, auch vor dem Hintergrund der Europäischen Landschaftskonvention. Zweitens impliziert die Frage eine mentale, assoziierte Landschaftsvorstellung. In der Antwort kann sich so auch eine Phantasie niederschlagen, die beim Begriff *Insel Rügen* evoziert wird, aber mit den realen (im Sinne der Landschaftsökologie) Landschaften der Insel nichts zu tun hat. Die Befragung erstellt insofern eine mentale Landkarte Rügens.

Abbildung 2: Assoziationen zur Landschaft Rügens, Befragung 2007

Nennung	Personen Anzahl	Klassifizierung der Landschaftsebene
Meteorologie		
Sonne	1	Chorisch/ Biosphäre
Himmel	1	Chorisch/ Biosphäre
Wind	1	Chorisch/ Biosphäre
Hydrologie		
Meer	5	Chorisch/ Biosphäre
Wasser	2	Chorisch/ Biosphäre
Geologie		
Steine	1	Chorisch/ Biosphäre
Geomorphologie		
Weite Landschaften	1	Chorisch/ Landschaftstypologien
Insellandschaft	1	Chorisch/ Landschaftstypologien
Hügel	1	Chorisch/ Landschaftstypologien
Sanfte Hügel	1	Chorisch/ Landschaftstypologien
Agrarlandschaften		
Felder	1	Chorisch/ Landschaftstypologien
Rapsfelder	1	Topisch/ Landschaftstypologien
Wiesen	1	Chorisch/ Landschaftstypologien
Moorlandschaften		
Moore	1	Chorisch/ Landschaftstypologien
Schilf	1	Chorisch/ Landschaftstypologien
Waldlandschaften		
Wälder	5	Chorisch/ Landschaftstypologien
Unberührter Wald	1	Chorisch/ Landschaftstypologien
Hochwald	1	Topisch/ Landschaftstypologien
Vom Wald ins Meer	1	Chorisch/ Landschaftstypologien
Bäume	1	Topisch/ Landschaftselement/biotisch
Einzelne Bäume	1	Topisch/ Landschaftselement/biotisch
Mischwald	1	Topisch/ Landschaftstypologien
Kiefernwälder	1	Topisch/ Landschaftstypologien

Strandlandschaften		
Strand	1	Chorisch/ Landschaftstypologien
Sandstrand	1	Topisch/ Landschaftstypologien
Steinstrand	1	Topisch/ Landschaftstypologien
Küstenlandschaften		
Küste	1	Chorisch/ Landschaftstypologien
Küstenlandschaften	1	Chorisch/ Landschaftstypologien
Steilküste	1	Topisch/ Landschaftstypologien
Kreideküste	4	Topisch/ Landschaftstypologien
Kreidefelsen	8	Topisch/ Landschaftstypologien
Regionen der Insel		
Jasmund	2	Chorisch/ Inselgeographisch
Mönchgut	1	Chorisch/ Inselgeographisch
Wittow	1	Chorisch/ Inselgeographisch
Orte der Insel		
Herthasee	1	Topisch/ Inselgeographisch
Kap Arkona	2	Topisch/ Inselgeographisch
Königsstuhl	2	Topisch/ Inselgeographisch
Lauterbach	1	Topisch/ Inselgeographisch
Groß Zicker	2	Topisch/ Inselgeographisch
Scharprode	1	Topisch/ Inselgeographisch
Hiddensee	1	Topisch/ Inselgeographisch
Südschweden	1	Chorisch/ ostseegeographisch
Architektur		
Weiße Häuser	1	Topisch/ anthropogen
Leuchttürme	1	Topisch/ anthropogen
Sonstiges		
(Nette Menschen)	(1)	(Sozial/ anthropogen)
(Möwen)	(1)	(Artspezifisch/ zoologisch)

Abbildung 2 (Fortsetzung) : Assoziationen zur Landschaft Rügens, Befragung 2007

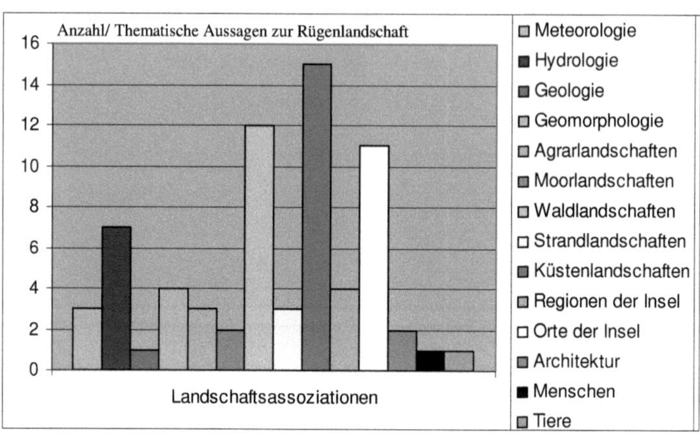

Abbildung 3: Cluster zur assoziativen Rügenlandschaft, Befragung 2007

In der Auswertung der Befragung fällt zum Einen auf, das die Menschen, nach Landschaften auf Rügen befragt, am Häufigsten Küsten- und Waldlandschaften benennen und daneben Orte oder Regionen der Insel Rügen. Urbane, industrielle und städtische Landschaften, die Rügen auch hat, werden nicht benannt. Bei über 500 km Küstenlinie der Insel verwundert es nicht, dass Küstenlandschaften oft genannt werden und auch das Meer (5) oder das Wasser (2) allgegenwärtig ist. Obwohl Rügen agrarisch geprägt ist und der Waldanteil unter 30% liegt assoziieren die Befragten eher Waldlandschaften als denn Ackerflächen mit Rügen. Hier mag sich niederschlagen, dass die Erholungsgebiete zwischen Binz und Sellin (Zwei bevorzugte Badeorte) und nordöstlich von Sassnitz Waldgebiete sind. Zum Einen die Granitz mit dem beleibten Ausflugsziel Jagdschloss Granitz und zum Anderen der Nationalpark Jasmund mit dem Königsstuhl. Die Begriffe, die von verschiedenen Passanten wiederholt genannt wurden, sind der Kreidefelsen (8), das Meer (5) und der Wald (3). Keiner der Befragten hat diese drei Begriffe in Kombination benutzt, aber zusammengesetzt ergeben sie die landschaftliche Typologie, welche sich entlang der Nationalpark Jasmunds erstreckt: Eine steile Kreideküste am Meer, die auf den Hochflächen mit Buchenwäldern bestockt ist. Dieser nordöstliche Teil von Jasmund (2) oder einzelne topographische Komponenten scheinen im gedanklichen Bild über Rügen fest verankert.

Interessant ist des Weiteren, dass die wenigen, befragten Passanten (35 Personen) fast das gesamte Spektrum der auf Rügen vorkommenden Naturräume benannt haben. Nach LANGE ET AL. (1986) und KNAPP (2008) können sieben verschiedene Naturraumtypen auf Rügen festgestellt werden. Die Nennungen Moore (1), Schilf (1) und Wiesen (1) finden sich in den ebenen-flachwelligen Grundmoränenlandschaften mit einer Vegetation von Ackernutz-pflanzen, Wirtschaftsgrünland, Hochstaudenfluren, Röhrichten, sowie Großseggenriede und Moorgehölzen. Nennungen wie Einzelne Bäume (1), Kiefernwälder (1) und Sandstrand (1) sind den kleinformenreichen Sandlandschaften mit ihren grundwasserferner Sand-Rosterden und Braunerden zugehörig. Die Vegetation kennzeichnet sich durch Feldgehölze, Hutungen und Kiefernwälder.

Die Begriffe Kreidelandschaften und unberührte Wälder (1), Hochwald (1) und Mischwald (1), Steilküste (1), Kreideküste (2) und Kreidefelsen (8) finden sich in den Kreidelandschaften Jasmunds mit Kreide- und Bergrendzinen, sowie Fahlerden in Kuppenlagen. Die Vegetation ist stark differenziert und durch Schattenblumen-Buchenwälder bestimmt. Auch kommen Schwalbenwurz–Eichentrockenwälder, Halbtrockenrasen und Schlehentrockengebüsche vor. Die Seesand- und Küstendünenlandschaften Rügens mit Grundwasserstandorten in ihrer Ausprägung als Gleye und grundwasserfernen Sandstandorten mit Braunerden und Podsolen tauchen in der Nennung von Mooren (1), Kiefernwälder (1) und Wiesen (1) auf.

Damit zeigt sich, dass reale Landschaften Teil einer kognitiven und emotionalen Ebene des Menschen sind. Die Kulturlandschaft bekommt damit eine immaterielle Dimension, die Gestalt in den Erinnerungen und Vorstellungen der Menschen Gestalt annimmt. Der materielle Wert einer Landschaft kann durch landschaftsökologische Komplexanalysen, archäologische Forschungen, monetäre Klassifizierungen der Ressourcenökonomie und mit Hilfe von Kulturlandschaftselementekatastern beschrieben werden (vgl. MEADOWS ET AL. 2006, LVR 2005, WALZ ET AL. 2004, THAßLER 2005, BURGGRAAF & KLEEFELD 1998). Der naturwissenschaftlich geleitete, landschaftsökologische Blick auf die Landschaft zeigt dabei meist Risiken ihrer derzeitigen Nutzung auf und weist aktuellen Landschaften unterschiedliche Werte zu, wobei in der Regel die „Natürlichkeit" und „Vielfalt" der Landschaft besonders hoch bewertet werden. Kulturelle Werte der Landschaft werden dabei jedoch weitgehend negiert (MARSCHALL 2006).

Die immaterielle Landschaft hingegen erschließt sich nach anderen Mustern, die hier als *mind-patches* in Anlehnung an die *„Landscape-ecology"* (FORMAN & GORDON 1986) bezeichnet werden. Die Kulturlandschaft gliedert sich im Landschaftsbewusstsein in kognitive, ästhetische und emotionale Dimensionen. Die kulturelle Bedeutung der Wissensdimension ist das Märchen, die Literatur und die Malerei. Die ästhetische Dimension ist die Wahrnehmung besonderer Orte als z.B. schön oder hässlich und die kulturelle Ebene der emotionalen Dimension ist der Dialekt, die Heimat und die Identität (vgl. IPSEN ET AL. 2003).

2.1.2. Assoziation *Literatur auf Rügen*

Im Rahmen der Befragungen war die zweite Frage: *Welche Literatur bringen Sie mit der Insel Rügen in Verbindung?* Damit wird ein geistiges Kulturerbe zur Landschaft Rügens abgefragt. Auch diese Frage wurde nicht kommentiert, dass die/der Befragte die Möglichkeit hatte, sein/ihr Wissen zur Literatur, die Rügen behandelt kund zu tun oder Literatur zu nennen, die er/sie z.B. aufgrund der Landschaftsbeschreibungen, dem Gefühl beim Lesen, der erzeugten Stimmung und emotionalen Bewegtheit beim Lesen rügenunspezifischer Natur mit Erlebnissen, Eindrücken oder Gefühlen, die im Kopf zu Rügen existieren oder die auf Rügen durchlebt worden sind, mit der Insel in Verbindung bringt.

Nennung	Personen Anzahl	Art der Literatur
Reiseführer	1	Reiseführer
Bildbände	1	Bildband
Romantiker auf Rügen	2	Kulturhistorisches Sachbuch
Am Dornbusch Hiddensee	1	Geographisches Sachbuch
Störtebecker Buch	1	Abenteuerroman
Sagen von der Insel Rügen	1	Sagen und Märchenbuch
Ernst- Moritz Arndt	3	Gedichte, philosoph., theolog. und politische Schriften
Elisabeth von Arnim	3	Reisebeschreibung/ Roman
Heinrich Heine	1	Romane, Reisebeschreibungen
Theodor Fontane	1	Dramen, Gedichte, Romane
Theodor Storm	1	Gedichte, Novellen, Romane
Johann Wolfgang Goethe	1	Gedichte, Dramen, Romane, natur- wissenschaftliche Schriften etc.
Thomas Mann	2	Prosa, Romane, Dichtung
Thomas Mann- Zauberberg	1	Roman
Gerhard Hauptmann- Die Weber	1	Prosa, Romane, Dichtung
Keine Nennung	14	-

Abbildung 4: Rügenassoziationen in der Literatur, Befragung 2007

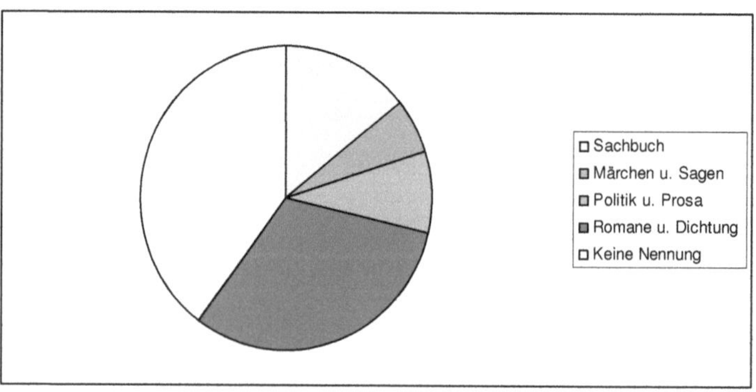

Abbildung 5: Rügenassoziationen in der Literatur (prozentual), *cluster*, Befragung 2007

14

Betrachtet man die Aussagen der Befragten, dann können diese in verschiedenen Gruppen gefasst werden. 31% der Befragten denken an bestimmte Gedichte bzw. Romane beim Begriff *Insel Rügen*. Dabei handelt es sich um Autoren, die entweder Landschaften in ihren Werken beschrieben, die Rügenlandschaften ähneln (THEODOR STORM) oder die *Insel Rügen* als Schauspielplatz ihrer Romane wählten (THEODOR FONTANE) oder auch den Roman gänzlich auf Rügen inszenierten (ELISABETH VON ARNIM).

Allen Autoren ist aber gemeinsam, dass sie Rügen nur aus dem Urlaub kannten oder aus Erzählungen Anderer. Lediglich der Professor und Gelehrte ERNST- MORITZ ARNDT wurde auf der Insel geboren und verbrachte auch einen Teil seines Lebens hier. Er ist, obgleich er auch Prosa veröffentlichte, deshalb extra benannt. Subsumiert man jedoch seine Schriften (9%) zu den Romanschilderungen, dann erkennen 40% der Befragten die Insel Rügen in Romanen, Gedichten etc. wieder. Das ist der selbige prozentuale Anteil, dem keine Literatur über Rügen einfiel und die auch keine Literatur mit der Insel in Verbindung brachte- ein erstaunlich hoher Anteil.

14% der Befragten denken beim Begriff *Insel Rügen* an Sachbücher, Bildbände, Reiseführer etc. (Sachbuch). Das ist bei der Masse an veröffentlichten Reiseführern zu Rügen (Deutschlands beliebteste Insel!) nicht verwunderlich. Märchen und Sagen bringen noch 6% der Befragten mit der Insel in Verbindung. Gerade die Sagenwelt auf Rügen ist sehr groß und wurde über die Jahrzehnte hinweg immer wieder erneut publiziert (vgl. LEHMANN 1968).

Obgleich die Insel Niederschlag in der Literatur gefunden hat, ist doch der hohe prozentuale Anteil derer, die keine Literatur mit Rügen assoziieren sehr hoch. Darin drückt sich auch ein Unvermögen aus, eine Stimmung oder ein geistiges Bild eines anderen Ortes auf der Insel wieder zu entdecken. Gleichzeitig wird auch deutlich, dass das in der Öffentlichkeit vermittelte Bild über Rügen nicht über die Literatur transportiert wird. Dieser Befund wird insbesondere in der Auswertung der Frage 3 deutlich. Vorher sollen aber die genannten Autoren und ihr literarisches Schaffen näher beleuchtet werden.

Die englische Schriftstellerin ELIZABETH VON ARNIM (* 31. August 1866) weilte im 19. Jh. zweimal auf der Insel Rügen. die Eindrücke der zweiten Reise flossen in ihren 1906 erschienen Reiseroman *Elisabeth auf Rügen*. Dieser reiht sich ein in die Ende des 19. Jh. und Anfang der 20. Jh. erschienenen Reiseromane über die Insel Rügen, sticht jedoch heraus und freut sich bis heute großer Beliebtheit, da er eben von einer Frau geschrieben wurde (FLASSBECK 2002). Das war in den Reisebeschreibungen und vor allem in den publizierten Arbeiten eine Seltenheit. Die landschaftlichen Beschreibungen im Roman handeln von Plätzen, die wie z.B. Mönchgut heute noch aufgefunden werden können. Damit kann die mentale Landschaft einerseits erneut real erlebt werden, andererseits können die Veränderungen eines Platzes vollzogen werden und bilden so über die historische Dimension der landeskulturellen Entwicklung.

ERNST MORITZ ARNDT wurde am 26. Dezember 1769 in Groß Schoritz auf Rügen geboren. Er war ein deutscher Schriftsteller und Abgeordneter der Frankfurter Nationalversammlung und widmete sich hauptsächlich der Mobilisierung gegen die Besatzung Deutschlands durch Napoleon (ERHART U. KOCH 2007). Er gilt als einer der bedeutendsten Lyriker der Epoche der Freiheitskriege. Neben Gedichten die Arndt verfasste, war er mit seiner Schrift *Versuch einer Geschichte der Leibeigenschaft in Pommern und Rügen* maßgeblich an der Aufhebung der Leibeigenschaft durch den schwedischen König um 1806 beteiligt. ARNDTS Beschreibungen der Rügener Landschaft haben sich in das Geschichtsbewusstsein der Insulaner eingeschrieben. Das *Ernst-Moritz Arndt Museum* archiviert und informiert über das kulturelle Erbe ARNDTS in Garz.

O Land der dunklen Haine,
O Glanz der blauen See,
O Eiland, das ich meine,
Wie tut's nach dir mir weh!
Nach Fluchten und nach Zügen
Weit über Land und Meer
Mein trautes Ländchen Rügen,
Wie mahnst du mich so sehr!

ERNST MORITZ ARNDT (aus: *PIECHOCKI* 1999)

Am 13. Dezember 1797 wurde HEINRICH HEINE in Düsseldorf geboren und wurde insbesondere durch seinen im Jahr 1826 veröffentlichten *Reisebericht über den Harz* bekannt, der sein erster großer Publikumserfolg wurde (vgl. BRUMMACK 1980). Im Oktober 1827 brachte er den Lyrikband *Buch der Lieder* heraus, der HEINES Ruhm begründete und bis heute populär ist. In beiden Werken sind auch Beschreibungen zur Nordsee und Küstenlandschaften vertreten (Reisebilder 1826, erster Teil, darin Die Harzreise, Die Heimkehr, Die Nordsee/ Buch der Lieder sowie Reisebilder 1827, Zweiter Teil, darin Die Nordsee. Zweite und dritte Abteilung, Ideen, Das Buch Le Grand und Briefe aus Berlin). Die Literatur HEINES wird hier mit der Landschaft Rügens in Verbindung gebracht. Mentale Bilder einer anderen Gegend finden sich so in der Landschaft Rügens wieder. Das kann einen Identität stiftenden und heimatverbundenen Kanon erzeugen. Eine literarische Beschreibung wird in der realen Landschaft erneut *durchlebt*.

HEINRICH THEODOR FONTANE, als Vertreter des poetischen Realismus wurde am 30. Dezember 1819 in Neuruppin geboren. THEODOR FONTANE schrieb neben literarischen Werken auch als Journalist (zumal für die Kreuzzeitung) und übersetzte 1842 Shakespeares „Hamlet". Dazu kamen noch Dramen, Gedichte, Biografien, Kriegsbücher, Briefe, Tagebücher, Theaterkritiken, Zeitungsartikel und programmatische Schriften. Der bekannte Roman *Effi Briest* erschien 1895 und spielt vor dem Hintergrund des durch strenge Normen festgelegten Lebens im Kaiserreich unter Reichskanzler Otto von Bismarck. In Kapitel 24 tritt die Romanfigur *Effi Briest* eine Reise in den Norden der Insel Rügen an. Im Roman werden Landschaftsbeschreibungen auf Jasmund geschildert. Die Schilderung steht damit in direkter Verbindung zur realen Landschaft Rügens, die Kulisse für die Handelnden wird. Folgende Orte werden genannt:

Saßnitz (Rügen), Hotel Fahrenheit

Saßnitz (Rügen), Klippenstrand nahe Hotel Fahrenheit

Saßnitz (Rügen), Gasthaus nahe Hotel Fahrenheit

Saßnitz (Rügen), Gasthaus im Ortsteil Stubbenkammer

Saßnitz (Rügen), Herthasee

Abbildung 6: Der neue Gasthof zu Stubbenkammer, W. KUNICKE, 1820, Lithographie (Kulturhistorisches Museum Stralsund)

Abbildung 7: Herthasee, W. BRÜGGEMANN, 1820, Stahlstich (Kulturhistorisches Museum Stralsund)

THEODOR STORM war ein deutscher Jurist und Schriftsteller, der als Lyriker und als Autor von Novellen und Prosa bekannt wurde. Er wurde am 14. September 1817 in Husum geboren und war zeitlebens mit der Nordfriesischen Landschaft verbunden. Als Vertreter des deutschen Realismus mit norddeutscher Prägung schuf er bedeutende Werke (LAAGE 2007). Seine Gedichte, Novellen und Romane hatten Landschaftsbeschreibungen der norddeutschen Küstenlandschaften zum Inhalt. Eines seiner bekanntesten Werke war der *Schimmelreiter*, der in der Gegend um *Husum* spielt. Mit der Nennung STORMS, der nie über die Insel Rügen geschrieben hat, wird deutlich, dass die von ihm beschriebenen Landschaften auch an der Ostseeküste wieder zu finden sind. Aber in der Grundanlage seiner Küstenlandschaften ließen sich seine Gedichte auch an andere Orte wie z.B. die französische Atlantikküste transferieren.

Meeresstrand

Ans Haff nun fliegt die Möwe,

Und Dämmrung bricht herein;

Über die feuchten Watten

Spiegelt der Abendschein.

Graues Geflügel huschet

Neben dem Wasser her;

Wie Träume liegen die Inseln

Im Nebel auf dem Meer.

Ich höre des gärenden Schlammes

Geheimnisvollen Ton,

Einsames Vogelrufen –

So war es immer schon.

Noch einmal schauert leise

Und schweiget dann der Wind;

Vernehmlich werden die Stimmen,

Die über der Tiefe sind.

THEODOR STORM 1856 (aus: LAAGE 2007)

Die Verbindung JOHANN WOLFGANG GOETHES, der am 28. August 1749 in Frankfurt am Main geboren wurde, und der Insel Rügen besteht eher in der Bekanntschaft zu CASPAR DAVID FRIEDRICH, als dass GOETHE selbst die Insel Rügen besucht hätte. Der als einer der bedeutendsten deutschen Dichter geltende Dramatiker, Theaterleiter, Naturwissenschaftler, Kunsttheoretiker und Staatsmann war der prominenteste Vertreter der Weimarer Klassik. In Weimar wurde GOETHE auf FRIEDRICH aufmerksam: »Sein schönes Talent war bei uns bekannt und geschätzt, die Gedanken seiner Arbeiten zart, ja fromm, aber in einem strengeren Kunstsinne nicht durchgängig zu billigen. Wie dem auch sei, manche Zeugnisse seines Verdienstes sind bei uns einheimisch geworden«. Und an anderer Stelle äußerte sich GOETHE zu den Bildern FRIEDRICHS: »... wie selten ist das Vollendete! So dass man es auch in der wunderlichsten Art hochschätzen und sich daran erfreuen muss« (vgl. BOYLE 2004).

GOETHE steht assoziativ mit den Rügener Landschaften über FRIEDRICHS Arbeiten in Verbindung, denn nach ZSCHOCHE (1998, S. 68 ff.) war das Gedicht *Schäfers Klagelied* von GOETHE die literarische Vorlage für das Gemälde „Landschaft mit Regenbogen, das FRIEDRICH 1810 anfertigte und das südöstliche Rügen mit dem Greifswalder Bodden und der Insel Vilm abbildet.

Schäfers Klagelied

Da droben auf jenem Berge,
Da steh ich tausendmal.
An meinem Stab gebogen.
Und schaue hinab in das Tal.

Dann folg ich der weidenden Herde
Mein Hündchen bewahret mir sie.
Ich bin herunter gekommen
Und weiß doch selber nicht wie.

Da stehet von schönen Blumen
Die ganze Wiese so voll.
Ich breche sie, ohne zu wissen.
Wem ich sie geben soll.

Und Regen, Sturm und Gewitter
Verpaß ich unter dem Baum.
Die Türe dort bleibet verschlossen;
Denn alles ist leider ein Traum.

Es steht ein Regenbogen
Wohl über jenem Haus!
Sie aber ist weggezogen,
Und weit in das Land hinaus.
Hinaus in das Land und weiter,
Vielleicht gar über die See,
Vorüber, ihr Schafe, vorüber!
Dem Schäfer ist gar so weh!

JOHANN WOLFGANG ON GOETHE, 1802 (AUS: ZSCHOCHE 1998, S. 72)

Abbildung 8: Landschaft mit Regenbogen, C. D. FRIEDRICH, 1810, Öl/ Lw. (aus: ZSCHOCHE 1998, S. 70)

THOMAS MANN, der 1955 in Zürich geboren wurde, zählt zu den wichtigsten Erzählern deutscher Sprache im 20. Jahrhundert. Für seinen Roman *Buddenbrooks* erhielt er 1929 den Nobelpreis für Literatur. Wie BAADE UND STOCK (1992) festhalten, war THOMAS MANN mehrmals auf Rügen im Urlaub und hielt sich 1924, nach Abschluss seines Romans der *Zauberberg*, auf eine Empfehlung von GERHARD HAUPTMANN auf Hiddensee auf. Ein Nachweis von literarischer Küsten- bzw. Inselbeschreibung oder eine prosaische Anknüpfung an Rügener Landschaften konnte jedoch nicht nachgewiesen werden.

GERHART HAUPTMANN wurde am 15. November 1862 im niederschlesischen Obersalzbrunn geboren. 1912 erhielt er den Literaturnobelpreis. Rügen besuchte HAUPTMANN das erste Mal im Rahmen seiner Hochzeitsreise 1885. In diesem Zusammenhang sah das Paar auch die Insel Hiddensee, die in Zukunft ein beliebtes Reiseziel HAUPTMANNS werden sollte. 1930 sollte er die *Villa Seedorn* auf Hiddensee erwerben, wo er regelmäßig Urlaub machte. In dieser Zeit entstanden die „novellistische Studie" *Bahnwärter Thiel* (1888) und die Dramen *Vor Sonnenaufgang* (1889) und *Die Weber* (1892). Eine eindeutige literarische Beschreibung der Landschaft Rügens lässt sich in HAUPTMANNS Werk nicht nachweisen. Unverkennbar ist aber, dass er auf den Insel Rügen und Hiddensee Inspiration für seine Stücke erhielt (vgl. *LEPPMANN* 2007).

2.1.3. Assoziation *Malerei auf Rügen*

Die Landschaften der Insel Rügen finden sich auf Gemälden wieder, die bis in das späte 17. Jh. datiert werden können. Rügen weist damit eine 300jährige Maltradition auf. Auch im Tourismus wird immer wieder auf Bilder zurückgegriffen, mit denen Werbung gemacht wird, die nach Rügen einladen sollen oder einfach Rügen repräsentieren. Besonders bei Motiven der Kreideküste ist es auffällig, dass bestimmte Motive (z.B. Kleine Stubbenkammer) immer wieder kopiert oder neu interpretiert werden. Vorsichtig ausgedrückt, könnte man behaupten die Insel Rügen wird auf wenige kunsthistorische Momente reduziert. Dieser These nachzugehen war auch Motivation der dritten Frage *Welche Malerei bringen Sie mit der Insel Rügen in Verbindung?* Die Probanden konnten eine Antwort geben, es gab keine Erläuterungen zur Frage und ergebnisorientierte Hinweise. Deshalb war im Vorfeld der Befragung auch mit Antworten zu rechnen, die Kunst benennen, welche aber nicht zwangsläufig auf Rügen entstanden sein muss oder Teile der Insel abbildet.

Nennung	Personen/Anzahl	Kunstepoche/Zeit
Caspar David Friedrich	14	Romantik/ 18 u.19. Jh.
Phillipp Otto Runge	1	Romantik 19 Jh.
Karl Schinkel	1	Romantik 19 Jh.
Elisabeth Büchsel	1	Impressionismus u. Expressionismus / 18 u.19. Jh.
Klaus Ender	1	Postmoderne/ 20 u. 21. Jh.
Aquarelle v. Strand u. Meer	1	In allen Epochen
Keine Nennung	16	-

Abbildung 9: Rügenassoziationen in der Malerei, Befragung 2007

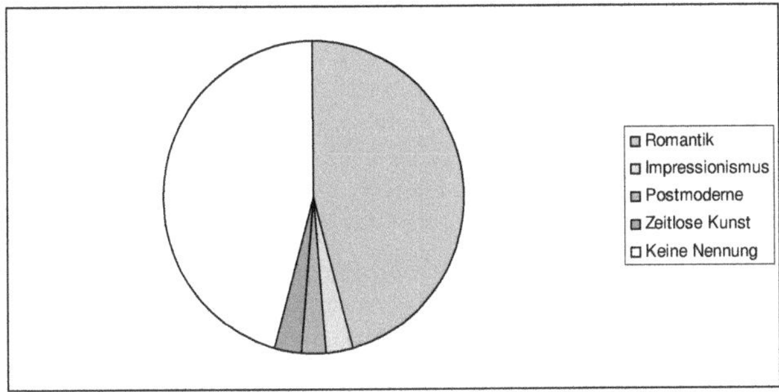

Abbildung 10: Rügenassoziationen in der Malerei (prozentual), *cluster*, Befragung 2007

Die Befragung zur Malerei brachte interessante Ergebnisse. Entgegen der Annahme fast jeder der Befragten würde Bilder Rügens z.B. zur *Kreideküste* kennen, erklärten ca. 45% der Personen, dass sie keine Malerei mit der Insel Rügen in Verbindung brächten. Demgegenüber steht der gleiche prozentuale Anteil, der CASPAR DAVID FRIEDRICH nennt. Der Greifswalder Maler hat eine Fülle an Bildern und Zeichnungen von der Insel Rügen hinterlassen und wird in der Literatur auch oft als *Der Rügenmaler* schlechthin bezeichnet und sein Gemälde *Kreidefelsen auf Rügen* hat Weltruhm erlangt (vgl. PAWLAK O.J.). Die häufige Nennung verwundert nicht, bestätigt aber auch die These, dass die Rügenassoziation in der Malerei auf die Romantik, ja auf einen Maler, reduziert wird. Das könnte einerseits eine auf die Romantik und FRIEDRICH reduzierte Marketingstrategie auf der Insel Rügen deuten, andererseits hinweisen auf Desinteresse oder mangelnde kunsthistorische Bildung, denn über die Jahrhunderte sind viele imposante Gemälde von der Insel Rügen entstanden (vgl. VOGEL U. LICHTNAU 1993).

Die Nennung von KLAUS ENDERS scheint auch logisch. Enders hat als Fotograf Bildbände über Rügen veröffentlicht. Er hat damit zwar nicht gezeichnet oder gemalt, doch Rügenlandschaften fotografisch auf Papier gebannt, sie damit in seinen Publikationen kognitiv weiterverarbeitet und verbreitet. ELISABETH BÜCHSEL hat auf der Insel Rügen wenige Gemälde hinterlassen und wurde als impressionistische Malerin der Insel Hiddensee sehr bekannt (*BAADE U. STOCK 1992*). Insofern ist der Name BÜCHSEL eng mit der norddeutschen Küstenlandschaft verbunden.

Abbildung 11: Kreidefelsen auf Rügen, 1818-1822, CASPAR DAVID FRIEDRICH, Öl/Lw. (Stiftung Reinhart Winterthur)

21

3. Assoziative Landschaften

Der Begriff *assoziativ* kommt aus dem Lateinischen (v. lat. *associare*; dt. vereinigen, verbinden, verknüpfen, vernetzen) und wird in Verbindung mit dem Begriff der Landschaft hier als ein Begriff benutzt, der eine Vorstellung von Landschaft, ein Gedankenkonstrukt oder auch eine Idee, Bindung oder ein spirituelles, geistiges Motiv an eine Landschaft knüpft. Eine assoziative Landschaft kann eine reale Landschaft sein, zu der ein Mensch eine geistig-bewusste Beziehung oder es kann sich um eine virtuelle, nicht existente Landschaft handeln, die nur in der Vorstellung eines Einzelnen oder eine Gruppe existiert.

Der geistigen Kulturlandschaft, auch im Hinblick auf die Planungswissenschaften, mehr Gewicht einzuräumen trägt die UNESCO mit der Ausweisung von Objekten als Weltkulturerbe, die in „unmittelbarer oder erkennbarer Weise mit Ereignissen, lebendigen Traditionen, mit Ideen oder mit Glaubensbekenntnissen, mit künstlerischen oder literarischen Werken von außergewöhnlicher universeller Bedeutung verknüpft sind" in Teilen Rechnung (www.unesco.org., vgl. HENGER 2006). So nominiert die UNESCO *Assoziative Kulturlandschaften* als kulturelle Beziehungslandschaften, mit denen der Mensch religiöse, künstlerische oder kulturelle Beziehungen hat („associative landscapes"). Weiterhin besteht jedoch erheblicher Forschungsbedarf, diese assoziativen und spirituellen Kulturlandschaften und Objekte zu identifizieren (vgl. SCHMIDT 2006, PEDROLI 2000).

Die Befragung des Jahres 2007 hatte mit der Frage 4 *Wie sieht ihre (auch virtuelle) Ideallandschaft aus?* einerseits das Ziel die gedankliche Landschaft des Einzelnen heraus zu stellen, andererseits wurde auch bewusst nach der *Ideallandschaft* gefragt, denn diese ist die Wunschlandschaft, die Umgebung in der man leben und arbeiten möchte oder die man gerne aufsucht und ästhetisch wertvoll empfindet. Insofern ist die Frage auch eng an Überlegungen gebunden, wie partizipative Prozesse in die Landschaftsplanung integriert werden können und der Wunsch einer bestimmten Landschaft, im engeren Sinne der Wunsch einer speziellen Landnutzung und Landnutzungspolitik sich in der realen Landschaft zeigt oder zwischen *tatsächlicher Landschaft* und *gedanklicher Landschaft* eine Kluft oder Gemeinsamkeiten existieren.

Forschungen kulturwissenschaftlicher und kunsthistorischer Art widmen sich dabei vor allem den mentalen Konstrukten zur Landschaft und den ihnen zugrunde liegenden gesellschaftlichen Werthaltungen (vgl. STROHMEIER ET AL. 1999, AUGENSTEIN 2004, EISEL & KÖRNER 2006) oder beleuchten die gesellschaftlichen Rahmenbedingungen, die zu Werken ästhetischer Betrachtungsweisen führen (IPSEN ET AL. 2003, PIECHOCKI 1999). Eine Integration der kausal-analytischen Landschaftsökologie und sozio-kultureller Ansätze ist in Diskussion, auch wenn die Vereinbarkeit bisher erst in wenigen Fachkreisen akzeptiert und entwickelt wird (vgl. TREPL 1997, MATTHIESEN 2006, BAIER 2005, EISEL & KÖRNER 2006). Diese wird jedoch vermutlich auch durch das Ziel einer breiteren Bewusstseinsbildung und der Beteiligung der Öffentlichkeit im Sinne der europäischen Landschaftskonvention an Bedeutung gewinnen (HEILAND 2006, BRUNS 2007).

Abbildung 12: Landschaftsassoziationen, Befragung 2007

Nennung	Personen/Anzahl
Waldlandschaften	
Waldlandschaft	1
Wald	1
Auen- Bruchwälder	1
Wald und Wiese	1
Wald und Wasser	2
Berglandschaften	
Berge	1
Berge u. windstill	1
Alpen	1
Berge und Meer	1
Dolomiten am Meer	1
Hügellandschaft	1
Orte und Regionen	
Rügen	3
Rügen vor 10 Jahren	1
Toscana	1
Spanien	1
Neuseeland	1
Nordwales	1
Eigenart der Landschaft, naturnah	
Natürlich wilder Bewuchs	1
Natürliche Landschaft	1
Wild ungeordnet	1
Eigenart der Landschaft, genutzt	
Landwirtschft. bearb. Felder	1
Urbane Landschaften	
Zurückhaltende Bebauung	1
Nicht so wilde Bebauung	1
Uhrige moderne Bebauung	1

Wasser- und Strandlandschaften	
Am Wasser	1
Am Strand	1
Seen	1
Emotionale Landschaften	
„So wie es ist, ist es sehr abwechslungsreich u. lebendig"	1
„Ich finde es schön wie es ist"	1
Keine Nennung	3

Abbildung 12 (Fortsetzung): Landschaftsassoziationen, Befragung 2007

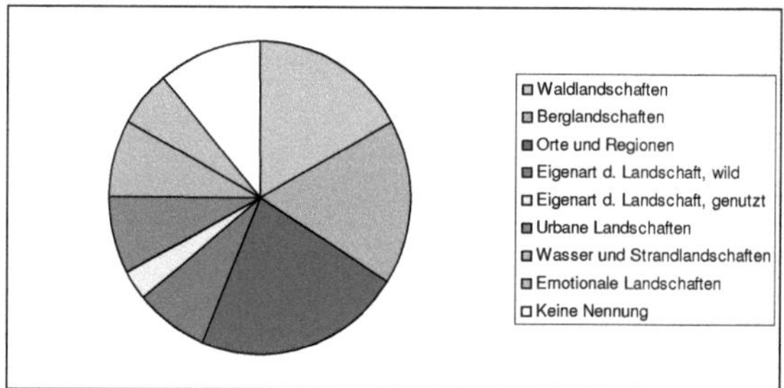

Abbildung 13: Landschaftsassoziationen, Befragung 2007, *cluster*, (prozentual),

Die Befragung zur Ideallandschaft zeigte, dass mit 22% der Befragten der höchste Anteil bei denen liegt, die eine konkrete Landschaft, die sie wahrscheinlich von Reisen kennen, als Ideal bezeichnen (Abbildung 12). Bezeichnenderweise sind die genannten Landschaften von ihrer Geomorphologie hügelig bis bergig und sie grenzen als Insel oder an bestimmten Abschnitten an das Meer (Rügen/Ostsee, Neuseeland/Pazifik, Nordwales/Atlantik, Toscana/ Mittelmeer). Es handelt sich also um Landschaftstypologien, die im *Cluster Berglandschaften* in der Nennung *Dolomiten am Meer* und *Berge und Meer* zum Ausdruck kommt. Die Häufigkeit der Landschaftsassoziation **Hügelig-bergige Landschaft am Meer** ist unverkennbar, denn unter Hinzunahmen der Örtlichkeiten Rügen, Neuseeland, Nordwales, Toscana, Dolomiten am Meer, Berge und Meer zu dem *Cluster Emotionale Landschaften* ergebe sich ein Anteil von 31%.

Auch waren die Berglandschaften mit 17% der Nennungen ein landschaftliches Ideal. Auf den gleichen Anteil kamen auch die Waldlandschaften, welche demnach eine bevorzugte Landschaft des Menschen darstellt. Die Aussagen zum *Cluster Urbane Landschaften* und dem *Cluster Eigenart der Landschaft* zeigen deutlich die aktuelle Debatte über Entwicklungstendenzen in der Kulturlandschaft (BFN 2007).

Denn während in der Ideallandschaft die Bebauung „nicht so wild" sein soll, werden der Bewuchs *wild* und die Landschaft *natürlich* gewünscht. Die genannten Adjektive schön, abwechslungsreich, lebendig im *Cluster Emotionale Landschaften* beziehen sich in ihrer Aussage auf Rügen. Gruppiert man die Aussagen anders und stellt die häufigste Mehrfachnennung *Rügen* zu den Emotionalen Landschaften dann ergebe sich ein Anteil von 17% für Rügen als Ideallandschaft. Mit der unter Waldlandschaften genannten Aussage *Wald und Meer*, die für Rügen auch zutrifft, könnten damit mehr als ein Fünftel der Befragten Rügen in ihrer Vorstellung als eine ideale oder bemerkenswerte Landschaft gemeint haben. Ob ein solches Ergebnis dadurch zustande kam, weil die Befragung auf Rügen erfolgte, konnte nicht geklärt werden.

4. Beispiele assoziativer Landschaften Rügens

Aus dem Begriff der assoziativen Landschaften ergibt sich eine sozialpsychologische Komponente zwischen Menschen und den Orten der Landschaft. Die Beziehungen, die Menschen mit einer Landschaft oder Elementen haben, müssen zum Einen durch andere Menschen nicht nachvollziehbar sein und sie müssen sich auch nicht bildlich oder offensichtlich aus dem Gegenstand oder dem Ort selbst erklären. Schon daraus ergibt sich eine Schwierigkeit bei der Beschreibung assoziativer Landschaften, denn sie können immer nur die Beziehung oder die konstituierte Landschaft Einzelner, bestimmter Ereignisse, Werke oder Anschauungen von Gruppen sein. Jeder wird sich eine eigene, assoziative Ebene zu einer Landschaft aufbauen können. Da es auf Rügen bisher keine Bürgerszenarien und Befragungen zur Landschaft, insbesondere der geistigen Landschaft gegeben hat, kann im Folgenden der assoziative Charakter bestimmter Landschaftsausschnitte auch nur exemplarisch an einzelnen Personen und Ereignissen der Vergangenheit dargestellt werden. Im Rahmen einer aktuellen Forschungsarbeit am Fachgebiet Landschaftsplanung/ Landnutzung der Universität Kassel soll der bürgerbezogene Ansatz der Europäischen Landschaftskonvention aufgegriffen und durch Befragungen auf der Insel Rügen die assoziative Landschaft der dort lebenden Menschen beschrieben werden.

Damit wird auch der geistige Mehr-Wert (DORNACHER MANIFEST 2000) der Kulturlandschaft herausgearbeitet, der sich nicht über historisch-geographische und landschaftsökologische Methoden erfassen lässt. Es sind die Wünsche und die Erinnerungen der Menschen über Orte und Landschaft. Diese geronnenen Erinnerungen an Ereignisse, wie IPSEN (2004) sie nennt, gilt es aufzudecken.

4.1.   Im Land der Mönche (Halbinsel Mönchgut)

Die Landschaft Mönchgut im Südosten der Insel gelegen, um 1252 im Besitz der Zisterzienser Mönche des Klosters Eldena bei Greifswald, zeichnet sich durch ein mannigfaltiges Vegetationsmosaik von Trockenrasen, Wiesen, Äckern und Wäldern aus. Die vielen Buchten dieser Boddenausgleichsküste ergeben eine vielgestaltige Verzahnung zwischen Meer und Land bei einem geologisch interessanten Wechsel von Anhöhen der Endmoränenkomplexe zu den Ufern der Niederungslandschaften (vgl. KLIEWE 1990).

Im Jahre 1819 brach Carl Gustav Carus zu einer Reise nach Rügen auf und besuchte auch diesen südöstlichen Teil der Insel. Carl Gustav Carus war Malschüler und Freund von Caspar David Friedrich. Bekannt wurde er als Professor für Gynäkologie in Dresden und seine herausragenden Leistungen auf dem Gebiet der Naturwissenschaft, Medizin und der Psychologie (PIECHOCKI 1997). Seine Eindrücke zu Mönchgut lassen sich als kulturelle Deutung der Landschaft verstehen: „Dieser Weg war so recht bezeichnend für die Rügensche Natur! Still und träumerisch wie eine altschottische Ballade, zur Rechten das Meer, oft weit hinaus am Strande mit unzähligen Granitblöcken bestreut, welche urweltliche Fluten mit ihrem alten Eise einst von Skandinavien herüber auf diese Küsten geführt haben, dazwischen mitunter auf die Fischerjollen einfache hölzerne Landungsbrücken, weit hinausgebaut, oder Linien von Netzen zum Trockenen aufgehangen. Zur Linken stiegen dann die gelben Lehmwände von Perd auf oder strecken sich Dünen von feinem weißen Sand, mit den violettblühenden Mannestreue und Weidenbüschen verziert, weit an der Küste daher. Dabei nun diese lautlose Stille, kaum vom leisen Anschlag der kleinen Wellen unterbrochen; zuweilen der Flug einer Möwe oder Seeschwalbe, und immer die lange, lange Horizontlinie der Ostsee, an deren Rande manchmal ein kleines Segel sich zeigte; ich wüsste gar keine Gegend so geeignet, sich seinen Gedanken und Gefühlen ganz dahinzugeben, als diese" (CARUS 1819: 34f.).

Die Worte von CARUS haben nicht nur Landschaftscharakter, geologische Entstehung und Landnutzung zum Inhalt, sie beschreiben auch ein Wohlgefühl angesichts dieser Landschaft. Mönchgut kann heute noch so erlebt werden. Zeichnungen und Beschreibungen des Malers zeugen von der emotionalen und geistigen Durchdringung der Landschaft. Die Reise von CARUS kann so zum aktuellen Motiv für kunstbeflissene Reisende werden. Assoziationen zu dem von C. D. FRIEDRICH so oft skizzierten Kloster Eldena bleiben auf Mönchgut wach. Ein Pilgerort, eine Landschaft für Erholungssuchende und Landschaftsmaler ebenso wie für viele Urlauber und Künstler der Insel Rügen heute.

Abbildung 14: Land der Mönche (Collage: OLIVER THAßLER; Quellen: W. FRANKENSTEIN: Große Wolke über Mönchgut, 1964, Greifswald Stadtmuseum; C. D. FRIEDRICH: Ruine Eldena, 1825, SAMMLUNG DR. G. SCHÄFER)

4.2. Klanglandschaften der Kreideküste (Halbinsel Jasmund)

Jasmund, im Nordosten der Insel gelegen, hat seine Bekanntheit durch die kilometerlangen, hoch aufragenden Kreidefelsen erlangt. Ausgedehnte Buchenwälder, gefällereiche Bäche und Waldmoore führen zu einer Eigenart der Landschaft, die der offenen Weidelandschaft Mönchguts gegenüber steht. Durch den Einfluss der Brandung, der Niederschläge und unterirdischer Wasserbewegungen sind die Kreidefelsen einer ständigen Umformung unterworfen und nehmen dabei bizarre Formen an, die z.B. für C. D. Friedrichs Gemälde „Kreidefelsen auf Rügen" Modell standen.

Einige Kilometer nördlich des Ortes Sassnitz ragen die Wissower Klinken empor. Wie PIECHOCKI (1999) feststellt, waren es die eindrucksvollen Naturerlebnisse an der Jasmunder Kreideküste, die den jungen Komponisten Johannes Brahms zur Fertigstellung seiner 1. Sinfonie c-moll verhalfen:„ An den Wissower Klinken ist eine schöne Sinfonie hängen geblieben..." (J. BRAHMS zit. in PIECHOCKI 1999: 55).

Die Landschaft als Schule des Hörens, als Klangort, ein Ort für Musiker und Musesuchende? Die Besucherzahlen des Nationalparks Jasmund gehen in die Hunderttausende, es ist eine Landschaft die gerne aufgesucht wird. In ihr liegt eine eigene Stimmung, vielleicht eine besondere Klangkultur (IPSEN 2004), die sich aus Klangquelle (Das Rauschen der Bäume, das Plätschern der Quellen, das Tosen des Meeres) und der Klangwahrnehmung (Das Brahmsche Ohr und Geist) ergibt und sich immer wieder neu erfahren lässt.

Damit fordert das Kreidemeer zum Komponieren und Musizieren auf. Die Quelle des kulturellen Vermächtnisses von BRAHMS sprudelt für den aufmerksamen Zuhörer weiter in der Gegenwart.

Abbildung 15: Die Kreidefelsensinfonie (Collage: OLIVER THAßLER, Quellen: K. F. SCHINKEL: Blick vom Königsstuhl auf Klein Stubbenkammer, 1821, Schinkelmuseum, Berlin; J. BRAHMS, Auszüge aus der 1. Sinfonie c-moll, 1876).

Zwar sind die Wissower Klinken (dän. Weisser Fels) im Frühjahr 2006 in Teilen erodiert, doch bleiben sie weiterhin markant und im Gedächtnis der Rüganer präsent. Hieran zeigt sich die Bedeutung einer realen Landschaft, die durch assoziative Momente aufgewertet wird. Da das Gefälle zwischen sichtbaren Ausdruck und Erinnerung/Assoziativem nicht unüberwindlich ist, kommt es zu einer emotionalen Betroffenheit beim Anblick der Felsen. Geschichte bleibt somit erlebbar. Weist die Landschaft dagegen keine Elemente mehr auf, die als „kognitive Ankerpunkte" an dem kulturellen Vermächtnis von Sprache, Literatur und Malerei festhalten, so verliert sich auch ein Teil des Verständnisses für die geschichtliche Landschaftskunst. Als Kulturaufgabe ist demnach auch eine Landschaftsentwicklung zu formulieren, die Reflexionen zum kulturellen Erbe ermöglicht (vgl. PIECHOCKI ET AL. 2003).

4.3.   Heiligtum der Ostseeslawen (Halbinsel Wittow)

Im Norden der Insel Rügen liegen die ackerbaulich intensiv genutzten Landschaften Wittows (slaw. Windland). Die flache Grundmoränenlandschaft weist an ihrer südlichen Ostspitze am Kap Arkona eine in Resten erhaltene Wallanlage auf, die als slawische Tempelburg einst die heiligste Kultstätte der Ostseeslawen (BERLEKAMP 1993) war: „... sehr schön gebaut, berühmt nicht nur durch die Herrlichkeit der Ausführung, sondern auch durch die Macht der in ihr bewahrten Gottheit" (SAXO GRAMMATICUS 1168 zitiert in FILIPOWIAK 1993). Mit dem Sturz des Slawengottes *Svantevit* durch die Dänen im Jahr 1168 fällt eine der letzten heidnischen Hochburgen und der Beginn der Christianisierung auf Rügen wird markiert.

Abbildung 16: Der Sturz des Svantevit (Collage: OLIVER THAßLER; Quellen: O. ZWINTSCHER: Steilküste bei Kap Arkona, 1911, Staatliches Museum Dresden; R. TUXEN: Bischhof Absalon stürzt Svantevit, 1894, Frederiksborg Museum, Hillerõd

Die Ästhetik des Ortes geht heute von seiner symbolischen Bedeutung aus. Unlängst haben Gewerbetreibende und Tourismusanbieter die Anziehung Arkonas in Marktstrategien lenken können. Kap Arkona wirkt heute, besonders in den Sommermonaten touristisch überfrachtet, es ist zu einem Zugpferd der rügener Tourismusindustrie geworden. Ein Gelände, das nicht mit der landschaftlichen Mannigfaltigkeit anderer Gebiete Rügens konkurrieren kann, doch seine Eigenart in der geschichtlichen Bedeutung hat.

Damit bleibt die kulturelle und ästhetische Dimension des Ortes bestehen. Das über dem Wasser thronende Kap bietet eine reizvolle Kulisse für Kunstschaffende und Theatergastspiele und gewährt noch immer weite Blicke über die Ostsee. Arkona ist Zeugnis einer der bedeutendsten Epochen der Kulturlandschaftsgeschichte Rügens. Ein ehrfurchtgebietendes Kulturlandschaftserbe voller Spiritualität und Symbolik. Durch die aktuelle Kommerzialisierung und Vermarktung findet eine Transformierung statt, die wenig Raum für Besinnlichkeit lässt. Buden und Touristenstände, wie sie von „Rummeln" und Oktoberfesten bekannt sind, „wuchern" in die Fläche. Vor dem Hintergrund des kulturellen Erbes ist deshalb kritisch zu hinterfragen, ob die Darstellung und ökonomische Nutzung der geschichtlichen Transparenz mit Sinn für die Authentizität des Ortes nicht sinnvoller wäre.

5. Die Zukunft rügenscher Kulturlandschaften

Die heutige sozio-ökonomische Grundlage der Dienstleistungsgesellschaft, die im Tourismus ihr Fundament hat, ist die Landschaft. Die Kulturlandschaften Rügens sind die entscheidenden Determinanten einer dauerhaft ökonomischen Entwicklung. Doch mit einseitiger Orientierung auf den Bädertourismus sind Gefahren einer Urbanisierung an den Küsten und dem Desinteresse am Kernland der Insel verbunden. Die Erholungsvorsorge ist nur ein Teil der kulturlandschaftlichen Funktionen. Die Kulturlandschaften der Insel sollen auch nachfolgenden Generationen als ästhetisch reiche und landschaftshaushaltlich intakte Räume erhalten bleiben.

Neben der Aufrechterhaltung der schon bestehenden Großschutzgebiete (Biosphärenreservat Südost-Rügen, Nationalparke Jasmund und Vorpommersche Boddenlandschaft) und der Ausweisung der Insel Rügen zum Naturpark ist der Faktor Kultur wesentlich für die Regionalentwicklung. Soziale und wirtschaftliche Bereiche der Insel können auch außerhalb der Hauptsaison gestärkt werden. Kulturangebote und Initiativen vermögen das Bewusstsein und die Identifikation der regionalen Bevölkerung mit einem Ort oder der Landschaft zu steigern. Damit ergibt sich auch die Notwendigkeit das Kulturerbe mehr in den Vordergrund der Landesplanung zu stellen (vgl. SCHENK 2001).

Abbildung 17: Auf den Spuren von C. D. Friedrich (Collage: OLIVER THAßLER; Quellen: C. D. FRIEDRICH : Kreidefelsen auf Rügen, 1818-1822, Stiftung Oskar Reinhart, Winterthur; Foto von Teilnehmern der Tagung „Verwilderndes Land-Wuchernde Stadt, www.bfn.de).

Die Wahrnehmung der Landschaft verändert sich mit der sozio- kulturellen Eingebundenheit des Menschen in die Landschaft (FECHNER 1986). Besucher und Bewohner müssen deshalb mehr in Kultur- und Landschaftsaktivitäten außerhalb des Strandlebens eingebunden werden. Die Vermittlung von kulturlandschaftlichen Werten im Sinne der *heritage interpretation*, d.h. der pädagogisch interessanten Aufbereitung des örtlichen Kulturerbes, dürfte die Wertschätzung der Kulturlandschaften in der Bevölkerung erhöhen.

Die Entwicklung der rügener Kulturlandschaft bedarf unterschiedlicher Werte- und Erfahrungsmuster und muss für ihre Zukunftsfähigkeit basisdemokratisch evaluiert werden. Wie NOHL (2006) herausstellt, kann „die Ästhetik öffentlicher Güter... nicht den Geschmacksvorlieben einzelner Personen überlassen bleiben." Neben einer verstärkten Bildung zur Nachhaltigkeit der Landschaft ist auch eine weitgefächerte gesellschaftlich angelegte Debatte in der Öffentlichkeit über Landschaft notwendig (vgl. Thesen zur Kulturlandschaft, BfN 2007). Mit der Kommunikation und auch der Benennung assoziativer Landschaften wird ein kulturelles Erbe, was sich bisher der Betrachtung verschloss offengelegt. Damit wird auch den Bewohnern und Besuchern die Möglichkeit gegeben, Prozesse, Ausdruck und Werte der Kulturlandschaft stärker zu decodieren. Genau darin liegt denn auch ein Zugang zum Genuss und Erleben der Landschaft: „ Da das Werk als Kunstwerk nur in dem Maße existiert, in dem es wahrgenommen, d.h. entschlüsselt wird, wird der Genuss, der sich aus der Wahrnehmung ergibt... nur denjenigen zuteil, die in der Lage sind, sich die Werke anzueignen" (BOURDIEU 1974).

Bezogen auf die Landschaft bedeutet dies für die Landschaftsplanung zum Einen, dass die Symbolik des Kulturellen mehr in den Vordergrund rücken muss, wenn Aneignung, Verständnis, Identifikation und Wahrung von Landschaft weiterhin Bestand haben soll. Zum Anderen muss Landschaft auch auf verschiedenen Ebenen sinnlich wirksam bleiben. Daraus ergeben sich für NOHL (ebenda) wichtige Bausteine einer Planungsästhetik. Die Planungskultur kann deshalb bürgerschaftliches Empfinden nicht negieren, wenn man den Kategorien von Eigenart, Vielfalt und Schönheit gerecht werden will. Nach KANT (1974) begründet sich die Ästhetik auf Geschmack als Beurteilungsvermögen. Vor diesem Hintergrund können gängige Erfassungs- und Beschreibungsmethoden der Raumebene Schonheit im Landschaftsbild, die nur Blickbeziehungen, Leitstrukturen und Art der Raummuster erfassen, ohne ästhetische Empfindungen über Landschaften planerisch zu berücksichtigen, z.B. der Einwohner eines Ortes, nicht zielführend sein (vgl. JESSEL 2006).

Die Zukunft der Kulturlandschaft Rügens ist auch eine sinnliche Frage. Sinnliches Wohlgefallen der Menschen an den Orten birgt Verantwortlichkeit und pfleglichen Umgang in sich. Die Zukunft entscheidet sich in den Köpfen, im kulturellen Verständnis der Menschen. Die Voraussetzungen auf Rügen sind günstig: Noch viel wildes Land und eine wuchernde Kultur.

Quellenverzeichnis

AUGENSTEIN, I. (2004): Über die Eignung von Landschaftsstrukturparametern zur Bewertung des Landschaftsbildes. In: *WALZ, U.; LUTZE, G.; SCHULTZ, A.; SYRBE, R-U.* (2004): Landschaftsstruktur im Kontext von naturräumlicher Vorprägung und Nutzung. IÖR-Schriften. Band 43. Dresden.

BAADE, M. U. W-D. STOCK (1992): Hiddensee. Insel der Fischer, Maler und Poeten.

BAHLS, R. ET AL. (1990): Mönchgut - Eine Landschaftsstudie. Teil 1 und 2, Mönchguter Museum/ Rat der Gemeinde Göhren. Göhren/Greifswald.

BAIER, H. (2005): Das Humanhabitat Landschaft ist mehr als ein Bild. Vom Mehrwert der Biodiversität. In *UMWELTMINISTERIUM MV* (Hrsg.): Naturschutzarbeit in Mecklenburg-Vorpommern, (48) 1. 1-17.

BASTIAN, O. U. K.F. SCHREIBER (1999): Analyse und ökologische Bewertung der Landschaft. Spektrum. Gustav Fischer. Heidelberg. Berlin

BECKER, W. (1998): Die Eigenart der Kulturlandschaft. Akademische Abhandlungen zur Raum und Umweltforschung. VWF Berlin.

BERLEKAMP, H. D. (1993): Arkona und Rügen vor 1168. In: *COBLENZ, K.* (1993): 825 Jahre Christianisierung Rügens. Putbus. 7-18.

BOURDIEU, P. (1974): Elemente zu einer soziologischen Theorie der Kunstwahrnehmung. In: *BOURDIEU, P.* (Hrsg.): Zur Soziologie der symbolischen Formen. Frankfurt.

BOYLE, N. (2004): Goethe. Der Dichter in seiner Zeit. Aus dem Engl. übers. von Holger Fliessbach. 2 Bände. Frankfurt am Main.

BRUMMACK, J. (HRSG.): Heinrich Heine. Epoche – Werk – Wirkung. Beck. München 1980

BRUNS, D. (2007): Die Europäische Landschaftskonvention. Anknüpfungspunkt und Impuls für eine moderne Landschaftspolitik. In: *BUNDESAMT F. NATURSCHUTZ* (Hrsg. 2007): Die Zukunft der Kulturlandschaft. BfN-Skripten 224. Bonn. S. 189-204

BUNDESAMT F. NATURSCHUTZ (Hrsg. 2007): Die Zukunft der Kulturlandschaft. Verwilderndes Land- wuchernde Stadt. BfN-Skripten 224. Bonn.

BURGRAAFF, P.; KLEEFELD, K (1998): Historische Kulturlandschaft und Kulturlandschaftselemente. Angewandte Landschaftsökologie, Heft 20. Bundesamt für Naturschutz.

CARUS, C. G. (1819): Eine Rügenreise. Nachdruck des Ernst Wähmann Verlags Schwerin. 29-45.

DORNACHER LANDSCHAFTSMANIFEST (2000): Landschaft - es ist an der Zeit. In: *RHEINAUBUND; SCHWEIZERISCHE ARBEITSGEMEINSCHAFT FÜR NATUR UND HEIMAT; SCHWEIZERISCHE GREINA-STIFTUNG* (Hrsg.): Die Kultur der europäischen Landschaft als Aufgabe. 56-59.

DUPHORN, K. ; KLIEWE, H. ; NIEDERMEYER, R-O.; JANKE, W. ; WERNER, F. (1995): Die deutsche Ostseeküste. Sammlung Geologischer Führer 88. Berlin, Stuttgart. 281 S.

EISEL, U., KÖRNER, S. (Hrsg. 2006). Landschaft in einer Kultur der Nachhaltigkeit. Band 1. Arbeitsberichte des Fachbereichs ASL der Universität Kassel, Heft 163, Kassel.

ERHART, W. U. KOCH, A. (HRSG.): Ernst Moritz Arndt (1769 - 1860). Deutscher Nationalismus - Europa - Transatlantische Perspektiven. Niemeyer. Tübingen. 2007 Studien und Texte zur Sozialgeschichte der Literatur Bd. 112)

FECHNER, R. (1986): Natur als Landschaft: Zur Entstehung der ästhetischen Landschaft. Frankfurt, Bern, New York.

FILIPOWIAK, W. (1993): Slawische Kultzentren zwischen Odermündung und Rügen. In: Coblenz, K. (1993): 825 Jahre Christianisierung Rügens. Putbus. 7.-18.

FLASSBECK, M. (2002) Gauklerin der Literatur: Elizabeth von Arnim und der weibliche Humor. Rüsselsheim.

FORMANN, R.; GORDON, M. (1986): Landscape Ecology. New York.

GROß, A. (2007): Parkkultur auf Rügen. In: *INSULA RUGIA* (Hrsg.): Rugia - Rügen Jahrbuch. Putbus.

HEILAND, S. (2006): Zwischen Wandel und Bewahrung, zwischen Sein und Sollen: Kulturlandschaft als Thema und Schutzgut in Naturschutz und Landschaftsplanung. In: *MATTHIESEN, U. ; DANIELZYK, R. ; HEILAND, S. ; TZSCHASCHEL* (Hrsg.): Kulturlandschaften als Herausforderung für die Raumplanung. Forschungs- und Sitzungsberichte der ARL. Verlag der Akademie für Raumforschung und Landesplanung. Band 228. Hannover. 43-70.

HENGER, E. (2006): UNESCO-Weltkulturerbe und die Auswirkungen auf die regionale Entwicklung. Materialien zur Regionalentwicklung und Raumordnung. Band 17. Technische Universität Kaiserslautern. Selbstverlag.

HERFERT, P. (1990): Ur- und Frühgeschichte. In: Bahls, R. ; Kliewe, H. (Hrsg.): Mönchgut. Eine Landsschaftsstudie. VEB Ostsee- Druck. Rostock. 53-56.

IPSEN, D. ; REICHHARDT, U. ; SCHUSTER, ST. ; WEHRLE, A. ; WEICHLER, H. (2003): Zukunft Landschaft. Arbeitsberichte des Fachbereichs ASL der Universität Kassel. Heft 153. Kassel.

IPSEN, D. (2004): Städte brauchen Orte, Orte brauchen Klang. In: *IPSEN, D. ; REICHHARDT, U. ; WERNER, H. U.* (Hrsg.): Klangorte. Schriftenreihe des Fachbereichs ASL der Universität Kassel. Band 27. Kassel.

JACOMET, S. ; KREUZ, A. (1999): Archäobotanik. UTB für Wissenschaft. Stuttgart.

JESSEL, B. (2006): Vielfalt, Eigenart und Schönheit von Natur und Landschaft. In: *EISEL, U. ; KÖRNER, S.* (Hrsg. 2006): Landschaft in einer Kultur der Nachhaltigkeit. Band 1. Kassel.

KÄLAHNE, M. (1954): Die Entwicklung des Waldes auf dem Nordkranz der Inselkerne von Rügen. Petermanns Geogr. Mitt., Erg.- Heft 254. 1-77.

KANT, I. (1974): Kritik der Urteilskraft. Frankfurt.

LEHMANN, H. (1968): Rügen. Sagen und Geschichten. Wähmann Verlag. Schwerin

LEPPMANN, W. (2007): Gerhart Hauptmann. Eine Biographie. Ullstein, Berlin 2007

KLIEWE, H. (1990): Aktuelle Prozesse und Formen an Steil- und Flachküsten, an Ostseestrand und Boddenufer. In: *BAHLS, R. ET AL.* (1990): Mönchgut - Eine Landschaftsstudie. Teil 1 und 2, Mönchguter Museum/ Rat der Gemeinde Göhren. Göhren/ Greifswald.

KNAPP, H. D. (1997): Naturerbe und Kulturdenkmäler als touristisches Potential. In: *ELLENBERG, L. ; SCHOLZ, M. ; BEIER, B.* (Hrsg.): Ökotourismus. Spektrum Akademischer Verlag. Heidelberg, Berlin, Oxford. 99- 108.

KNAPP, H. D. (2008): Rügens frühe Geschichte. Rügendruck. 124 S.

LAAGE, K. E. (2007): *Theodor Storm – Leben und Werk.* Husum.

LANDSCHAFTSVERBAND RHEINLAND-LVR (2005): Kulturlandschaft digital – Forschung und Anwendung. Tagungsdokumentation. Beiträge zur Landesentwicklung 58.

LANGE, E.; L. JESCHKE; H. D. KNAPP (1986): Ralswiek und Rügen, Landschaftsentwicklung und Siedlungsgeschichte der Ostseeinsel, Berlin (Akademie Verlag), Akademie der Wissenschaften der DDR, Schriften zur Ur- und Frühgeschichte 38, 174 S. + Karten.

LANGE, E. (1976a): Zur Entwicklung der natürlichen und anthropogenen Vegetation in frühgeschichtlicher Zeit. Feddes Repert. 87, Teil 1 und 2.

LANGE, E. (1976b): Grundlagen und Entwicklungstendenzen der frühgeschichtlichen Agrarproduktion aus botanischer Sicht. Z. Archäol. 10.

MARSCHALL, I. (2006): Kulturlandschaft als Phänomen und Herausforderung. Vortrag gehalten auf einer Tagung vom 18 - 21. September 2006 an der Internationalen Naturschutzakademie Insel Vilm des Bundesamtes für Naturschutz. http://www.bfn.de/fileadmin/MDB/documents/service/perspektivekultur_marschall.pdf (Stand 25.1.2006)

MARSCHALL, I. (2007): Kulturlandschaft als Phänomen und Herausforderung. In: *BUNDESAMT F. NATURSCHUTZ* (Hrsg. 2007): Die Zukunft der Kulturlandschaft. Verwilderndes Land- wuchernde Stadt. BfN- Skripten 224. Bonn. S. 262-295

MATTHIESEN, U. (2006): Zur Kultur „ gewachsener Kulturlandschaften". In: Matthiesen, U. ; Danielzyk, R. ; Heiland, S. ; Tzschaschel (Hrsg.): Kulturlandschaften als Herausforderung für die Raumplanung. Forschungs- und Sitzungsberichte der ARL. Verlag der Akademie für Raumforschung und Landesplanung. Band 228. Hannover. 71-80.

MEADOWS, D, ; RANDERS, J. ; MEADOWS, D. (2006): Exponentielles Wachstum als treibende Kraft von Überschreitungen ökologischer Grenzen. In: Natur und Kultur. 7 (1): 3-22.

NOHL, W. (2006): Landschaftserfahrung und individuelle ästhetische Aneignung. In: *EISEL, U. ; KÖRNER, S.* (Hrsg): Landschaft in einer Kultur der Nachhaltigkeit. Band 1. Kassel. 120-127.

PAWLAK, M. (O.J.): Caspar David Friedrich. Das gesamte graphische Werk. Verlagsgesellschaft Herrsching, München, 880 S.

PEDROLI BAS (2000): Landscape – Our Home. Lebensraum Landschaft.

PIECHOCKI, R.(1999): Romantiker auf Rügen, Hiddensee und Vilm. Selbstverlag. Putbus.

PIECHOCKI, R.(1997): Kap Arkona. Edition Genius loci. Putbus.

PIECHOCKI, R. & EISEL, U. & KÖRNER, S. & NAGEL, A. & WIERSBINSKI, N. (2003): Vilmer Thesen zu „Heimat" und Naturschutz. – Natur und Landschaft 78 (9/10): 241-244.

ROCKEL, P. (1999): Baustilfibel Rügen. (Hrsg.): Nationalparkamt Rügen, Lancken-Granitz (Selbstverlag).

SCHENK, W. (2001): Kulturlandschaft in Zeiten verschärfter Nutzungskonkurrenz: Genese, Akteure, Szenarien. In: *AKADEMIE FÜR RAUMFORSCHUNG UND LANDESPLANUNG* (ARL) (Hrsg.): Die Zukunft der Kulturlandschaft zwischen Verlust, Bewahrung und Gestaltung. Forschungs- und Sitzungsberichte der ARL. Band 215. Hannover. 30-44.

SCHMIDT, C. (2006): Das Kulturlandschaftsprojekt Ostthüringen. In: MATTHIESEN, U. ; DANIELZYK, R. ; HEILAND, S. ; TZSCHASCHEL (Hrsg.): Kulturlandschaften als Herausforderung für die Raumplanung. Forschungs- und Sitzungsberichte der ARL. Verlag der Akademie für Raumforschung und Landesplanung. Band 228. Hannover. 150-181.

STROHMEIER, G. (1999): Schneelandschaften. Alltag, romantische Bilder und politische Ladungen. In: GROSSMANN, R. (Hrsg): Kulturlandschaftsforschung. Iff-Texte. Band 5. Wien.

THAßLER, O. (2005): 5000 Jahre Kulturlandschaftsgeschichte der Insel Rügen - Digitale Synopsis archäologischer und landschaftsökologischer Befunde der Insel Rügen. In: *LANDSCHAFTSVERBAND RHEINLAND /UMWELTAMT* (Hrsg.): Kulturlandschaft digital - Forschung und Anwendung. Beiträge zur Landesentwicklung 58. (Selbstverlag des Landschaftsverband Rheinland). 35-39.

THAßLER, O. (2003): Nachhaltigkeit von Kulturlandschaft - dargestellt am Beispiel der Gemeinde Putbus auf Rügen. Unveröff. Diplomarbeit. Fachhochschule Eberswalde. Fachbereich Landschaftsnutzung und Naturschutz. 207 S.

TREPL, L. (1997): Ökologie als konservative Naturwissenschaft. Von der schönen Landschaft zum funktionierenden Ökosystem. In: *EISEL, U. ; SCHULTZ, H.D.* (Hrsg): Geographisches Denken. Urbs et Regio. Band 65 (Sonderband). 467-492. Kassel

VOGEL, A. (2003): Johann Gottfried Steinmeyer und Putbus. Schwerin. 191 S.

VOGEL, G. U. B. LICHTNAU (1993): Rügen als Künstlerinsel. Verlag Atelier im Bauernhaus.

WALZ, U. ; LUTZE, G. ; SCHULTZ, A. ; SYRBE, R-U. (2004): Landschaftsstruktur im Kontext von naturräumlicher Vorprägung und Nutzung. IÖR- Schriften. Band 43. Dresden.

ZSCHOCHE, H. (1998): Caspar David Friedrich auf Rügen. Verlag der Kunst. Husum.